JEDER HUND KANN ...

Katrin Voigt

an **lockerer Leine** gehen

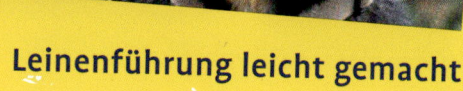

Leinenführung leicht gemacht

bede bei Ulmer

INHALT

Ursache 1:
ZIEHEN LOHNT SICH

Ursache 2:
IHR HUND VERWEIGERT SICH

Ursache 3:
HOHE ERREGUNGSLAGE

ZU DIESEM RATGEBER

Stellen Sie sich vor: Ihr Hund geht an lockerer Leine neben Ihnen her – egal ob an einer belebten Straße, in der Stadt beim Einkaufsbummel oder bei entgegenkommenden Artgenossen.

Leider sieht die Realität oft ganz anders aus ... Bei Ihnen auch? Warum ist das so? Diese Frage ist nicht ganz einfach zu beantworten, denn es gibt zahlreiche Gründe für das Ziehen an der Leine. Hier einige Beispiele:

◆ Manche Hunde haben gelernt, dass Ziehen an der Leine Erfolg bringt.
◆ Andere Vierbeiner jagen an der Leine.
◆ Wieder andere möchten einfach nicht mitkommen und sträuben sich, sobald sie angeleint sind.

◆ Die wichtigsten Ursachen für Probleme an der Leine sind in diesem kleinen Ratgeber zusammengefasst. Sie finden hierin Ideen und anschauliche Übungen für das Training, damit auch Ihr Hund locker an der Leine gehen lernt.
◆ Bei schwerwiegenden Problemen kann dieses Büchlein den Gang in eine Hundeschule nicht ersetzen. Einige nützliche Adressen, die Ihnen sicherlich weiterhelfen können, sind im Service genannt.
◆ Gerne können Sie dieses Buch vom Anfang bis zum Ende durchlesen. Für die eher praktisch Veranlagten, die sofort mit dem Üben loslegen möchten, bieten wir mit der Checkliste (ab Seite 6) die Möglichkeit, direkt mit dem Training zu beginnen. Also: Einfach ausfüllen und in die Auswertung schauen.

So macht Spazierengehen Spaß: Hugo läuft aufmerksam an der lockeren Leine neben seiner Halterin her.

INFO

Nützliche Tipps und Zusatzinformationen finden Sie in den farbig unterlegten Kästen.

URSACHEN FÜR DAS LEINEZIEHEN

Die Gründe für das Ziehen an der Leine können sehr unterschiedlich sein. Damit Sie mit Ihrem Hund gezielt trainieren können, sollten Sie wissen, warum er an der Leine zieht.

Die aus meiner Sicht wichtigsten fünf Ursachen für das Ziehen an der Leine habe ich in diesem Ratgeber beschrieben:

- Der Hund hat gelernt, dass es sich lohnt, zu ziehen.
- Der Hund verweigert sich an der Leine.
- Der Hund gerät in eine hohe Erregungslage.
- Der Hund ist leinenaggressiv.
- Der Hund jagt an der Leine.

Die folgende Checkliste soll Ihnen helfen, herauszufinden, um welches Problem es sich bei Ihrem Vierbeiner handelt und welche Übungen für Sie und ihn sinnvoll sind.

Natürlich können die unten aufgeführten Stichpunkte nur die häufigsten Probleme benennen. Vielleicht zeigt Ihr Hund Verhaltensweisen, die Sie hier nicht finden. Zögern Sie in diesem Fall nicht, sondern wenden Sie sich an einen Profi.

Manche Verhaltensweisen könnten dagegen zu zwei oder mehr Ursachenkomplexen passen: Hundeverhalten ist nicht immer eindeutig. Ein Beispiel aus der Praxis: Ihr Hund jagt Autos hinterher, beißt aber auch immer wieder in

die Leine. Beide Verhaltensweisen habe ich zunächst einmal verschiedenen Themengebieten zugewiesen. Arbeiten Sie am besten erst einmal das Kapitel zu dem Thema durch, zu welchem Sie die meisten positiven Antworten haben. Reichen die beschriebenen Übungen nicht aus, lesen Sie auch das Kapitel zum anderen Themenbereich. Bedenken Sie in jedem Fall: Hundetraining macht Spaß – auch dann, wenn der Anlass nicht immer erfreulich ist. Das Ergebnis sollte Ihnen auf jeden Fall die Mühe wert sein!

„Da will ich hin!" Hugo zieht an der Leine, weil er einen Spaziergänger spannend findet.

In schwierigen Fällen kann dieses Buch nicht den Gang zu einem Fachmann ersetzen. Tipps, an wen Sie sich in solchen Fällen wenden können, finden Sie im Service dieses Buches.

Die Antworten auf die Fragen in der Checkliste lassen Rückschlüsse darauf zu, warum ein Hund an der Leine zieht. So hilft Ihnen die Checkliste dabei, das richtige Training zu ermitteln.

So geht's: Bitte beantworten Sie die folgenden Fragen und notieren Sie sich bei jeder Frage, die Sie positiv beantworten, den angegebenen Buchstaben. Zählen Sie dann zusammen, wie oft Sie a, b, c, d und e aufgeschrieben haben. Die Auswertung finden Sie auf Seite 8.

Was hat dieser French Bully wohl am Horizont entdeckt?

1 *Zieht Ihr Hund vor allem auf dem Hinweg des Spaziergangs an der Leine und auf dem Rückweg läuft er ganz entspannt neben Ihnen her?*
Ja: a

2 *Springt Ihr Hund öfters an Ihnen hoch, wenn er aufgeregt ist?*
Ja: c ✓

3 *Möchte Ihr Hund Joggern hinterherrennen?*
Ja: e

4 *Reagiert Ihr Hund an der Leine aggressiv gegenüber Menschen?*
Ja: d

5 *Möchte Ihr Hund nicht weiter gehen, sobald er etwas Spannendes in der Nase hat?*
Ja: b

6 *Läuft Ihr Hund beim Spaziergang kreuz und quer, wechselt ständig die Seite und ist sehr aufgeregt?*
Ja: c ✓

a   b   ccc   e

7 Zieht Ihr Hund nie beim Training auf dem Hundeplatz, sondern nur in anderen Umgebungen?
Ja: a

8 Möchte Ihr Hund Autos hinterherlaufen?
Ja: e

9 Bleibt Ihr Hund stehen und will nicht weiter, wenn er etwas Furchteinflößendes sieht?
Ja: b

10 Pöbelt Ihr Hund an der Leine Artgenossen an, während Hundekontakte im Freilauf kein Problem darstellen?
Ja: d

11 Kommt Ihr Hund nur mit Ihnen mit, wenn Sie ein Leckerchen auspacken und bleibt ansonsten einfach stehen?
Ja: b

12 Hängt Ihr Hund in der Leine und bellt, wenn er andere Hunde sieht?
Ja: d

13 Geht Ihr Hund nur „bei Fuß", wenn Sie ein Leckerli in der Hand haben?
Ja: a

14 Reagiert Ihr Hund draußen auf alles, was sich bewegt?
Ja: e

15 Beißt Ihr Hund in die Leine und zerrt daran?
Ja: c

16 Zieht Ihr Hund Sie zu jedem Grashalm oder zu jedem Laternenmast, insbesondere in für ihn unbekannten Umgebungen?
Ja: a

17 Bellt Ihr Hund aufgeregt, bis er endlich frei laufen kann?
Ja: c

18 Sträubt sich Ihr Hund, von zu Hause weg zu gehen?
Ja: b

19 Möchte Ihr Hund Radfahrern hinterherlaufen?
Ja: e

20 Fixiert Ihr Hund schon auf eine große Distanz andere Hunde oder Menschen und ist dann nicht mehr ansprechbar?
Ja: d

AUSWERTUNG

Haben Sie zusammengezählt, wie oft Sie die einzelnen Buchstaben für jede positive Antwort notiert haben? Der Buchstabe, den Sie am häufigsten vermerkt haben, gibt Aufschluss darüber, warum Ihr Hund an der Leine zieht. Lesen Sie im angegeben Kapitel nach, was Sie und Ihr Vierbeiner tun können, damit Spaziergänge an der Leine in Zukunft für Sie beide entspannt und angenehm verlaufen.

Die meisten Zustimmungen bei a

Ihr Hund hat wahrscheinlich gelernt, dass Ziehen an der Leine Erfolg bringt. Tipps und Übungen finden Sie ab Seite 10.

Die meisten Zustimmungen bei b

Sie haben einen Hund, der gelernt hat, zu „parken". Möchten Sie mehr über dieses Thema erfahren, lesen Sie weiter ab Seite 20.

Die meisten Zustimmungen bei c

Ihr Hund steht häufig „unter Strom" und ist schnell in einer hohen Erregungslage. Welche Übungen Ihnen und Ihrem Hund helfen können, erfahren Sie ab Seite 30.

Die meisten Zustimmungen bei d

Wahrscheinlich hat Ihr Hund ein Leinenaggressionsproblem. Wie Sie diese Thematik in den Griff bekommen können, lernen Sie ab Seite 40.

Die meisten Zustimmungen bei e

Ihr Hund jagt an der Leine. Welches Training Ihnen helfen kann, erfahren Sie ab Seite 50.

TIPP

Haben Sie das Gefühl, die beschriebenen Übungen im angegebenen Kapitel reichen nicht aus, dann lesen Sie auch das Kapitel zu dem Themenbereich mit den zweithäufigsten Zustimmungen.

Viel Erfolg und viel Spaß beim Üben!

Zwischen den Trainingseinheiten können Sie gerne ein kleines Spiel einlegen!

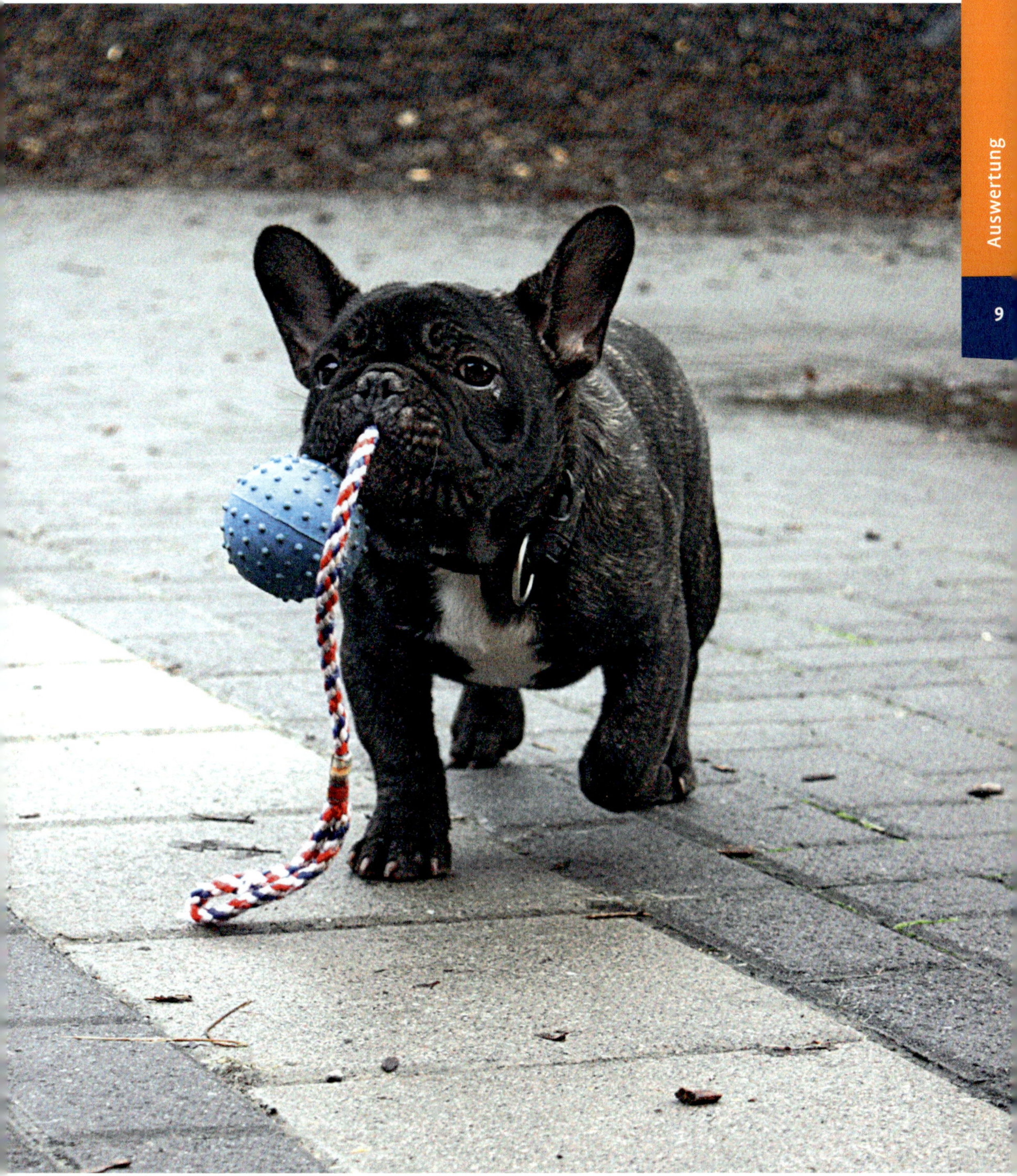

ZIEHEN LOHNT SICH

Manche Hunde haben gelernt, dass es sich lohnt, zu ziehen: Wenn sie sich in die Leine legen, gelangen sie dorthin, wohin sie wollen. Warum also sollten sie dieses Verhalten ändern?

So soll es nicht aussehen: Balou zieht seine Besitzerin an der Leine hinter sich her.

Ihr Hund zieht vor allem an der Leine, wenn Sie mit ihm das Haus verlassen, bis er dann endlich frei laufen darf? Auf dem Rückweg gibt es auf einmal keine Probleme mit dem Leineziehen mehr? Gehen Sie mit ihm in die Stadt oder müssen ihn die ganze Zeit an der Leine führen, dann zieht er Sie zu jedem Laternenmast oder Grashalm und Sie können ihn fast nicht mehr halten? Vielleicht hat er Ihnen sogar schon einmal die Leine aus der Hand gerissen?

Warum Hunde ziehen

Viele Hunde ziehen an der Leine, weil sie es gelernt haben. Solche energischen Hunde haben die Erfahrung gemacht, dass sie in der Regel zumindest ein Stückchen näher an das Objekt ihrer Begierde gelangen – selbst wenn es nur eine Leinenlänge ist …

Wie kommt es dazu, dass ein Hund lernt, dass Ziehen okay ist und sich lohnt?

Nehmen wir einmal den ganz normalen Hundealltag: Wenn es morgens zur ersten Runde nach draußen geht, muss der Vierbeiner erst einmal dringend sein Geschäft erledigen. Hier sind Sie als Halter bereits das erste Mal großzügig, denn verständnisvoll wie Sie sind, darf der Hund natürlich in dieser

Hunde haben häufig nur gelernt, dass Leineziehen auf dem Hundeplatz verboten ist.

Situation ziehen – schließlich muss er doch so dringend! Dann treffen Sie sich mit Frau Müller und ihrem Hund zu einem gemeinsamen Spaziergang. Auf dem Weg zur Freilauffläche ziehen beide Vierbeiner erwartungsvoll an der Leine – denn sie wollen ja spielen! Dann ist vielleicht noch die Hündin der Nachbarn läufig und Ihr Hund zieht Sie dorthin.

Und was machen Sie die ganze Zeit? Meist folgen Sie Ihrem Hund mehr oder weniger freiwillig. Dann, auf dem Rückweg, sind alle seine Bedürfnisse befriedigt. Folglich hat Ihr Hund keinen Grund mehr, an der Leine zu ziehen.

Anderer Schauplatz: In der Hundeschule läuft Ihr Hund perfekt an der lockeren Leine. Sobald Sie den Hundeplatz verlassen, zieht er wieder? In diesem Fall spielt ein anderes Phänomen eine Rolle: Der Hund lernt kontextspezifisch. Das heißt, er verknüpft die Übung mit den Elementen, die ihn beim Training umgeben: mit den anderen anwesenden Hunden, mit dem Trainer, der ganzen Umgebung und somit eben auch mit dem Hundeplatz.

Wie wir das ändern

Wie wir das ändern? Ganz einfach: Ziehen darf sich ab heute nicht mehr lohnen!

Bevor wir mit dem eigentlichen Training beginnen, gilt es, einige Managementmaßnahmen vorzunehmen. Sie können Ihr Training besonders effizient gestalten, wenn Sie diese im Vorfeld ergreifen.

Wenn Sie Ihren Hund bisher am Geschirr geführt haben, schnallen Sie ihn ab sofort für das Training an ein festes Halsband. Trägt Ihr Hund immer nur ein Halsband, versuchen Sie es mal mit einem Geschirr oder verwenden Sie für Ihr Training eine andere Leine.

Bitte verwenden Sie keine Ketten-, Stachelhalsbänder oder sich zuziehende bzw. den Hund würgende Halsbänder. Diese fügen dem Hund Schmerzen zu und bereiten ihm Stress!

„Mach mich endlich von der Leine!" ...
Dieser Vierbeiner kann den Freilauf
kaum erwarten.

Was wir damit erreichen

Ihr Hund soll ein neues Körpergefühl entwickeln. Hat der Hund beispielsweise sein Leben lang gelernt, am Geschirr zu ziehen, werden Sie es schwer haben, ihm nun das Gegenteil beizubringen. Sie haben ihm ja schon antrainiert, dass er ein bisschen Druck auf den Brustkorb in Kauf nehmen muss, wenn er ans Ziel kommen möchte. Durch die Verwendung eines Halsbandes erzeugen Sie aber einen neuen Druckpunkt für den Hund. Wenn die Leine nun straff ist, fühlt es sich anders an als zuvor. Sie befinden sich nicht mehr im gewohnten Alltagstrott. Sie bekommen sozusagen eine zweite Chance. Der zweite Grund ist, dass Sie in Zukunft eine Variante für das Führen im „Freizeitmodus" und eine für das Führen im „Arbeitsmodus" haben. Im oben beschriebenen Fall ist das Geschirr der Freizeitmodus. Hier ist es erlaubt, zu ziehen. Wenn Sie es also gerade eilig haben und keine Zeit bleibt, auf das

> Achten Sie bei der Wahl des Geschirrs bitte darauf, dass es Ihrem Hund gut passt. Es sollte genügend Freiraum an den Schulterblättern und an den Achseln bieten, aber nicht zu locker sitzen. Lassen Sie sich beraten!

Gehen an der lockeren Leine zu achten, ziehen Sie Ihrem Hund sein Geschirr an. Wollen Sie mit ihm üben, schnallen Sie ihm das Halsband um.
Warum diese Umstände? Lernen findet **immer** statt. Wenn Ihr Hund mal ziehen darf und mal nicht, weiß er nicht, was er wirklich tun soll. Je klarer Sie sind, desto einfacher ist es für Ihren Hund. Wenn er lernen soll, schnallen Sie ihn an sein Halsband. Üben Sie nur einige Minuten lang, denn länger kann sich Ihr Hund nicht konzentrieren. Sobald diese Übungseinheit beendet ist, schnallen Sie ihn wieder an sein Geschirr.

Es gibt viele Möglichkeiten, einen Hund zu belohnen. Jaschi sucht sich seinen Favoriten gerade selbst aus.

... Lösung in Sicht

Sie beginnen Ihre erste Trainingseinheit in einer relativ ablenkungsarmen Umgebung, zum Beispiel im Garten oder in der Wohnung. Sie haben besonders schmackhafte, weiche Leckerchen dabei, die Ihr Hund flott hinunterschlucken kann. Er sollte nicht nach jedem Häppchen stehen bleiben, um fertig zu kauen. Gehen Sie nun in den „Arbeitsmodus", und schnallen Sie die Leine an das Halsband.

1 Im Beispiel läuft der Hund auf der linken Seite. Die Leine sollte etwa einen bis anderthalb Meter lang sein. Diese Leinenlänge steht dem Hund zur Verfügung. Das Leinenende halten Sie in der rechten Hand, die Leckerchen in der linken. Auf diese Weise können Sie Ihren links laufenden Hund immer dann belohnen, wenn er, wie erwünscht, genau neben Ihnen läuft.

Wenn Sie die Belohnung in der rechten Hand hielten, liefe Ihr Hund immer schräg vor Sie, um sich die nächste abzuholen. Auf diese Weise würde er lernen, dass es sich lohnt, schräg vor Ihnen zu gehen.

2 Im ersten Schritt zeigen Sie Ihrem Hund kurz ein Leckerchen in Ihrer Hand. Locken Sie ihn, ein paar Schritte mit Ihnen zu gehen. Dann nehmen Sie das Leckerli für zwei bis drei Schritte wieder weg. Geht Ihr Hund diese Schritte an der lockeren Leine, loben Sie ihn. Dann geben Sie ihm seine Belohnung. Achten Sie darauf, während des Fütterns weiterzulaufen. Ihr Hund sollte nicht nach jedem Bröckchen stehen bleiben. Während er

1 Auch das richtige Handling der Leine will gelernt sein.

2 Locken Sie Ihren Hund anfangs nur ein paar Schritte.

frisst, nehmen Sie schon das nächste Leckerchen in die Hand. Schafft Ihr Hund es erneut, zwei bis drei Schritte an der lockeren Leine zu laufen, loben Sie ihn – „Fein" – und geben ihm ein Leckerchen.

3 Hat Ihr Hund es nicht geschafft, die nächsten Schritte an der lockeren Leine zu gehen, sondern zieht er wieder, bleiben Sie ganz einfach stehen. Gehen Sie erst weiter, wenn die Leine wieder locker ist. Achten Sie unbedingt sehr genau auf den Zeitpunkt der Belohnung: Das nächste Leckerchen gibt es erst wieder nach zwei bis drei Schritten an der lockeren Leine, nicht schon für das Umorientieren. Ansonsten könnte Ihr Hund

verknüpfen: „Ich muss erst an der Leine ziehen – wenn ich mich dann umschaue, bekomme ich ein Leckerchen." Denn bei dieser Verknüpfung hätten wir ihn wieder für das Ziehen an der Leine belohnt.

4 Solange die Leine locker durchhängt, sind Sie im grünen Bereich. Prinzipiell ist es egal, ob Ihr Hund links oder rechts geht. Zu Beginn sollten Sie pro Übungseinheit immer nur eine Seite trainieren. Fangen Sie erst einmal mit der Seite an, die Ihnen leichter fällt. Wenn das klappt, üben Sie auch mit der anderen Seite. So können Sie Ihren Hund an engen Stellen oder an der Straße problemlos auf jede gewünschte Seite nehmen.

3

4

3 *Zieht Ihr Hund an der Leine, bleiben Sie stehen.*

4 *Erst, wenn die Leine locker ist, geht es weiter.*

Wenn Ihr Hund es schafft, einige Schritte an der lockeren Leine zu gehen, sind Sie bereit für die nächste Trainingsstufe. Das Leckerchen befindet sich nun nur noch zu Beginn der Übung in Ihrer Hand, um den Hund aufmerksam zu machen. Ansonsten greifen Sie erst nach Ihrem Lob in die Tasche und geben Ihrem Hund dann die Belohnung. Weiterhin belohnen Sie ihn aber immer noch nach ein paar Schritten an der lockeren Leine. Hierdurch soll erreicht werden, dass Sie relativ schnell vom lockenden Leckerchen in der Hand loskommen – hin zu einem belohnenden Leckerchen.

5 In der nächsten Trainingsstufe variieren Sie nun die Anzahl der Schritte, die Ihr Hund an der lockeren Leine gehen muss, bis es eine Belohnung gibt. Wichtig ist dabei: Erhöhen Sie nur im Durchschnitt die Anzahl der

Schritte. Hier ein Belohnungsbeispiel: Leckerchen gibt es nach zwei, vier, drei, fünf, zwei, sechs Schritten. Ihr Hund sollte nicht ahnen können, wann er das nächste Leckerchen bekommt.
Sind Sie mit dem Training fertig, entlassen Sie Ihren Hund in den „Freizeitmodus". Hier ist es ihm wieder erlaubt, an der Leine zu ziehen.

6 Nun ist es an der Zeit, die Umgebung zu wechseln. Achten Sie aber darauf, dass die Ablenkung immer noch gering ist. Wählen Sie zum Beispiel einen ruhigen Feldweg. Sobald Sie in einer neuen Trainingssituation arbeiten, beginnen Sie wieder bei Trainingsstufe 1. Das heißt: Das Leckerchen ist wieder in Ihrer Hand. Sie werden merken, dass Ihr Hund relativ schnell begreift, um was es geht. Je schneller das geht, desto schneller können Sie mit dem Training fortfahren.

5 *Ist die Übung beendet, schnallen Sie Ihren Hund wieder an das Geschirr.*

6 *Trainieren Sie an möglichst vielen verschiedenen Orten.*

Nach der Arbeit kommt der Spaß: das Spiel mit Artgenossen.

Erst wenn Sie an vielen verschiedenen Orten geübt haben, hat Ihr Hund verstanden, um was es geht: Nämlich darum, dass sich das Gehen an der lockeren Leine für ihn lohnt.

Zugegeben: Zu Beginn des Trainings werden Sie viele Leckerchen brauchen. Aber seien Sie bitte großzügig, denn Sie müssen spannender sein, als der Rest der Welt. Erst wenn Ihr Hund konstant an der lockeren Leine geht, können Sie beginnen, die Leckerchen auszuschleichen. Aber denken Sie daran: Ihr Hund macht immer nur das, was sich lohnt. Wenn sich aus seiner Sicht das Gehen an der lockeren Leine nicht mehr lohnt, wird er es in Zukunft auch immer seltener zeigen.

FEHLER ...

... und wie man sie vermeidet

Idealerweise sollte es nur in Ausnahmefällen oder gar nicht dazu kommen, dass Ihr Hund überhaupt noch während einer Trainingseinheit zieht. Wählen Sie die Trainingsschritte also immer klein genug. Die folgenden beiden Fehler können dennoch unterlaufen.

1 Belohnen Sie Ihren Hund bereits für das Umorientieren, wird er verknüpfen, dass er erst ziehen und sich dann umwenden muss, um sein Leckerchen zu bekommen. Gehen Sie

also immer erst wieder zwei bis drei Schritte an der lockeren Leine vorwärts, bevor Sie ihn belohnen.

2 Achten Sie darauf, dass Sie nicht noch ein wenig nachgeben, wenn Ihr Hund an der Leine zieht. Denn damit hätte er wieder die Bestätigung: Ziehen lohnt sich. Es reichen schon wenige Zentimeter oder eben eine Armlänge aus, damit Ihr Hund ein Erfolgserlebnis hat – wenn auch nur ein kleines.

1 Balou wird zurückgelockt und belohnt, nachdem er gezogen hat.

2 Hier schafft es Balou, seine Besitzerin noch einen Schritt mitzuziehen.

Was tun, wenn nichts hilft?

■ *Ihr Hund interessiert sich nicht für die Leckerchen.*
Eventuell sollten Sie etwas Schmackhafteres ausprobieren. Wie wäre es zum Beispiel mit Leberwurst aus der Tube? Manche Hunde müssen erst lernen, sich ihr Futter zu „verdienen". Also lassen Sie den Futternapf mal im Schrank und ernähren Sie Ihren Hund überwiegend unterwegs. Denn nichts im Leben ist umsonst!

■ *Ihr Hund ist zu schnell abgelenkt, kann sich nicht konzentrieren.*
Gehen Sie einen Übungsschritt zurück. Sie können durchaus Ihr Training bereits im Wohnzimmer beginnen. Erst wenn es dort klappt, gehen Sie nach draußen. Auch hier kann eventuell ein höherwertiges, besonderes Futter helfen, das sonst nicht auf dem Speiseplan steht.

■ *Sie schaffen es nicht, stehenzubleiben, weil Ihr Hund zu kräftig ist.*
Gewöhnen Sie Ihren Hund an ein Kopfhalfter. Hierdurch lässt er sich leichter „steuern". Aber Vorsicht: Auch hier ist einiges zu beachten. Eine ausführliche Anleitung finden Sie auf Seite 33.

■ *Ihr Hund beginnt, in die Leine zu beißen und Zerrspiele mit Ihnen zu veranstalten.*
Ihr Hund ist frustriert. Was immer funktioniert hat, wenn er an der Leine gezogen hat, klappt nun nicht mehr. Es gibt Hunde, die Frustration nicht gut aushalten können. Sie suchen sich einen Weg, um sich anderweitig abzureagieren. Versuchen Sie es mal mit der Übung „Fersengeld", wie auf Seite 36 beschrieben.

Wenn das Kräfteverhältnis nicht stimmt, kann ein Kopfhalfter den Hund davon abhalten, zu ziehen.

IHR HUND VERWEIGERT SICH

Es gibt nicht nur Hunde, die an der Leine ziehen, sondern auch Hunde, die nicht mitkommen möchten, sich gegen die Leine stemmen, sich aus dem Geschirr oder Halsband winden wollen oder sich ganz einfach hinsetzen oder hinlegen.

In unserer Hundeschule haben wir zum Beispiel die dicke Daisy kennengelernt, eine wirklich kräftige Berner Sennenhündin. Bei Regen hat sie sich einfach mitten auf den Weg gelegt und war nicht zum Weitergehen zu bewegen. Ich nenne ein solches Verhalten gerne „Parken".

Ursachen für das „Parken"

Bei vielen Hunden beginnt das Problem in der Welpenzeit. Ein Welpe benötigt noch ganz viel Sicherheit. Die bekommt er zunächst in der Wurfkiste bei seinen Geschwistern und seiner Mutter. Später ist die neue Wohnung, insbesondere sein Liegeplatz, sein Rückzugsort.

Gerade in den ersten Tagen können Sie Ihren Welpen einfach auf den Arm nehmen und einige Meter tragen. Spätestens dann wird er neugierig. Wenn Sie ihn absetzen, wird er doch die weite Welt erkunden wollen.

Ein Welpe alleine in der freien Natur würde nicht lange überleben. Daher ist es ziemlich klug, erst einmal zu Hause bleiben zu wollen. Hinzu kommt, dass der kleine Vierbeiner eben nicht mit Leine und Halsband geboren wird und diese lästigen Teile erst einmal loswerden möchte.

Was macht ein schlauer Welpe also? Er sträubt sich, nach draußen zu gehen. Der eigene Garten ist wahrscheinlich noch in Ordnung, nicht aber die große weite Welt. Allerdings sollten Sie Ihrem Welpen in den ersten Wochen so viel wie möglich von der Welt zeigen.

Manchmal setzen sich die Kleinen auch während des Spaziergangs hin und müssen erst einmal ihre Eindrücke verarbeiten. Auch das ist in Ordnung. Lassen Sie Ihrem Welpen ruhig ein bisschen Zeit, die ganzen Eindrücke aufzunehmen und zu sortieren. Gerade bei einem Welpen kommt es ja auch gar nicht darauf an, möglichst viel und weit zu laufen. Vielmehr soll er ja erst einmal alles Wichtige kennenlernen. Also lassen Sie den Kleinen einmal am Tag staunen: zum Beispiel an der

Kuh- oder Pferdeweide oder im Wald.
Machen Sie ruhig auch schon einen
kurzen Ausflug in die Stadt.
Aber natürlich können Sie erst starten,
wenn der Zwerg auch an der Leine mitkommt, denn nicht überall können Sie
ihn frei laufen lassen. Wie Sie ihm Leine
und Halsband sowie das Folgen an der
Leine schmackhaft machen, wird im
nächsten Kapitel erklärt.

*Lassen Sie Ihren Welpen in den ersten Lebenswochen
so oft wie möglich frei laufen. Natürlich sollte die
Umgebung keine Gefahren für den Kleinen bergen. So
einfach wie in diesen ersten Lebenswochen wird es im
späteren Hundeleben nie wieder für Sie sein. Sobald
Ihr Hund in die Pubertät kommt, geht er eher seiner
eigenen Wege!*

*Gerade Welpen möchten nicht vom sicheren Zuhause weg. Die große weite Welt ist ihnen
noch zu unheimlich.*

Weigerung bei erwachsenen Hunden

Hat ein Vierbeiner von Welpenbeinen an die Strategie des „Parkens" gelernt, wird er in seinem späteren Leben sicherlich auch weiterhin auf dieses gelernte Verhalten zurückgreifen. Nicht selten sind es die großen, schweren Rassen, die das andere Ende der Leine „verhungern" lassen. Denn, wenn 70 kg erst einmal liegen, dann liegen sie ... Schnüffelbegeisterte Hunde bleiben gerne mal länger stehen, um sich intensiv einem Grashalm zu widmen. Besitzer unkastrierter Rüden wissen sicherlich, wovon ich spreche. Der Rüde taucht in die Welt der Urinmarkierungen ein, ist nicht mehr ansprechbar. So kommen Sie auf Ihrem Spaziergang nicht weiter. Außerdem sieht es natürlich nicht besonders gut aus, wenn Sie Ihren Hund buchstäblich hinter sich her schleifen.

Auch hier gilt wieder: Ihr Hund macht immer das, was sich für ihn lohnt. Daher müssen Sie erst einmal Detektiv spielen. Was hat der Hund davon, wenn er sich gegen den Zug an der Leine zur Wehr setzt?

Was machen Sie instinktiv, wenn Ihr Hund nicht weiter möchte? Richtig: Sie probieren es erst einmal mit Locken. Und was bekommt der Hund dann für sein „Parken"? Ihre volle Aufmerksamkeit und am Ende vielleicht noch ein tolles Leckerchen, das er sicher nicht bekommen hätte, wenn er nicht stehengeblieben wäre. Denn unsere Hunde sind gute Beobachter. Sie lernen schnell: Bleibe ich stehen, holt mein Besitzer in der Regel pflichtgemäß die Leckerchen heraus. Und schon festigt sich das unerwünschte Verhalten.

Der Grashalm riecht so interessant – Hugo möchte nicht weitergehen.

Vor dem Training muss ein Welpe erst an Geschirr und Halsband gewöhnt werden.

Vor dem Training

Bevor Sie mit Ihrem Welpen das eigentliche Leinenführigkeitstraining beginnen können, sollten Sie ihn erst einmal an das Tragen von Halsband und Geschirr gewöhnen. Beim Halsband ist es noch ganz einfach – meist hat der Züchter schon Vorarbeit geleistet. Anders sieht es aber beim Brustgeschirr aus. Viele Hunde empfinden das Anlegen des Geschirrs als eher unangenehm. Deshalb müssen Sie es Ihrem kleinen Vierbeiner angenehm machen.

Auch hier brauchen wir wieder ein paar schmackhafte Leckereien. Halten Sie nun mit der einen Hand das Geschirr so, dass Ihr Welpe seinen Kopf nur noch durch die Halsschlaufe stecken muss. In der anderen Hand halten Sie ein Leckerchen bereit. Locken Sie nun die Hundenase mit dem Leckerli durch das Geschirr.

Sobald die Hundenase durch den Halsteil ist, bekommt der Hund sein Leckerchen. Wiederholen Sie dieses Spiel einige Male. Akzeptiert es Ihr Welpe, können Sie zum nächsten Schritt übergehen und schon einmal das Brustteil schließen. Auch hiernach belohnen Sie Ihren Hund wieder für das Ruhighalten. In den nächsten Tagen passiert alles Spannende nur mit dem Geschirr: Fressen, Spielen, Streicheleinheiten. Spätestens dann wird Ihr Vierbeiner sein Geschirrchen lieben.

... Lösung in Sicht

1 Jetzt ist es an der Zeit, die Leine ins Spiel zu bringen. Damit Ihr neues Familienmitglied erst gar keine Chance hat, sich gegen die Leine zu wehren, machen Sie auch diese wieder spannend. Legen Sie dem angeleinten Kleinen einfach mit ein paar Leckerchen eine Spur auf den Boden – so kann er sich ein Leckerchen nach dem anderen suchen, ohne dass überhaupt Druck auf die Leine entsteht. Beginnen Sie damit ruhig zu Hause im Wohnzimmer. Klappt das gut, können Sie Ihre Leckerchenspur nach draußen verlegen. Achten Sie aber gerade bei einem Welpen auf ganz kurze Trainingseinheiten; die Kleinen können sich nur ein paar Minuten konzentrieren.
Zu Beginn des Trainings lassen Sie die Leine einfach hinter dem Kleinen hinterherschleifen. Erst nach ein paar Wiederholungen halten Sie das Ende der Leine in der Hand.

1 Dank einer Spur aus Leckerchen denkt Ihr Welpe gar nicht daran, stehenzubleiben.

Mit erwachsenen Hunden üben

1 Auch das Training mit dem erwachsenen Hund beginnen Sie in einem ablenkungsarmen Gebiet, in dem Ihr Hund möglichst auch frei laufen könnte. Außerdem sollte er sich hier nicht gut auskennen. Sobald Ihr Hund stehen bleibt und nicht mitkommen möchte, lassen Sie die Leine fallen und gehen Sie einfach zügig weiter, ohne Ihren Hund weiter zu beachten. Verschwinden Sie ruhig hinter einem Baum oder um eine Ecke, aber so, dass Sie Ihren Hund noch beobachten können. Nach wenigen Augenblicken sollte Ihr Hund anfangen, Sie zu suchen. Hat Ihr Hund Sie gefunden, sollten Sie sich außerordentlich freuen. Belohnen Sie ihn, während Sie ihn die nächsten Schritte an der Leine weiterführen.

2 Ist es nicht möglich, die Leine fallen zu lassen, weil die Umgebung dies nicht zulässt oder weil Sie befürchten, dass Ihr Hund weglaufen könnte, sichern Sie ihn durch eine Schleppleine ab. So können Sie sich von Ihrem Hund entfernen, ohne dass Sie den Zugriff auf ihn verlieren. Lassen Sie einfach die Leine Schlaufe für Schlaufe fallen und entfernen Sie sich auch hier wieder zügig. Beginnt der Hund sich in Ihre Richtung zu bewegen, freuen Sie sich wieder ganz demonstrativ. Belohnen Sie ihn mit einem Leckerchen. Machen Sie deutlich: Das Gehen bei Ihnen an der Leine ist spannender als das ständige Stehenbleiben.

1 *Sperrt sich Ihr Hund, lassen Sie einfach die Leine fallen und gehen Sie weiter.*

2 *Ist ein Fallenlassen der Leine nicht möglich, sichern Sie Ihren Hund durch eine Schleppleine.*

... an der kurzen Leine

Nun kommen wir zum Training an der kurzen Leine. Denn was hilft es Ihnen, wenn Ihr Hund Ihnen im Feld oder Wald nun folgt, Sie aber immer noch nicht von zu Hause wegkommen? Würden Sie in der Nähe der Wohnung die Leine fallen lassen, könnte es durchaus passieren, dass Ihr Hund ohne Sie den Rückweg antritt oder eben einfach wartet, darauf vertrauend, dass Sie schon irgendwann wieder auftauchen werden.

1 Für das folgende Training schnallen Sie Ihren Hund möglichst an ein Brustgeschirr. Für dieses Training verwenden wir bewusst kein Halsband, da wir vermeiden möchten, den Hund zu würgen und ihm Schmerzen zuzufügen.
Außerdem: Wird Ihr Hund in solch einer Situation gewürgt, könnte er Panik bekommen und noch mehr Abwehrreaktionen zeigen. Im schlimmsten Fall befreit er sich aus dem Halsband.

TIPP

Damit Ihr Hund sich nicht aus dem Geschirr herauswindet, sollten Sie ihn doppelt absichern: Das eine Ende der Leine ist am Geschirr befestigt, das locker zu haltende Ende ist an das Halsband geschnallt. So ist er für den Fall der Fälle zumindest noch durch das Halsband fixiert.

2 Bleibt Ihr Hund nun stehen und verweigert das Mitgehen, nehmen Sie ihn sanft – aber bestimmt – mit. Sie bauen also einen gewissen Zug an der Leine auf. Das „Parken" soll für Ihren Hund unangenehm werden. Hiermit meine ich aber auf keinen Fall einen Leinenruck, sondern einen konstanten Zug an der Leine!

1 *Führen Sie den Hund beim Training am Brustgeschirr.*

2 *Sperrt sich Ihr Hund, nehmen Sie ihn sanft, aber bestimmt, mit.*

3 Hat Ihr Hund nun genug von dieser unangenehmen Situation, wird er sich in Ihre Richtung bewegen. Hängt die Leine locker durch, belohnen Sie ihn. Bleibt er direkt wieder stehen, geht das Spiel von vorne los.

In der Praxis hat es sich bewährt, die Leckerchen etwa einen Meter vor den Hund zu werfen. Hat er das Leckerchen gefressen, fliegt das nächste und so weiter. Auf diese Weise bleibt Ihr Hund in Schwung und ist zu beschäftigt, um wieder stehen zu bleiben.

4 Auch ein kleines Rennspiel bietet sich hier als Belohnung an. Animieren Sie Ihren Hund, neben Ihnen an der Leine zu laufen. Bestätigen Sie ihn und loben Sie ihn, wenn er mitläuft. Das muss nicht weit sein. Hauptsache, es kommt Schwung in die Sache! Und Sie durchbrechen so den Teufelskreis von Stehenbleiben und Parken, an den sich Ihr Hund mittlerweile gewöhnt hat.

3 Sobald Ihr Hund mitkommt und sich die Leine lockert, belohnen Sie ihn.

4 Ein kleines Rennspiel an der Leine motiviert den Hund, mitzukommen.

1 Locken Sie Ihren „parkenden" Hund zu oft, wird er sein Fehlverhalten häufiger zeigen.

2 Einen „parkenden" Hund sollte man auf gar keinen Fall am Halsband hinter sich herziehen.

... und wie man sie vermeidet

1 Passen Sie auf, für welches Verhalten Sie Ihren Hund belohnen – zum Beispiel, indem Sie ihm Aufmerksamkeit schenken. Denn auch diese ist eine Form der Belohnung! Schenken Sie Ihrem Hund immer dann, wenn er stehen bleibt, Aufmerksamkeit (zum Beispiel indem Sie ihn locken), lernt er, dass es sich lohnt, stehen zu bleiben: Denn sobald er anhält, packen Sie ja seine Belohnung aus.

2 Bitte ziehen Sie Ihren Hund nicht am Halsband mit sich. Sie nehmen ihm die Luft und er wird sich möglicherweise noch mehr gegen die Leine wehren. Häufig wird auch unterschätzt, wie schnell man einem Hund am Hals Verletzungen zufügen kann. Geprellte Kehlköpfe oder Muskelverspannungen sind hierbei noch die harmlosen Fälle. Meinen Sie, Ihr Hund würde da noch gerne mit Ihnen spazieren gehen? Wohl eher nicht ...

1

2

Was tun, wenn nichts hilft?

◼ **Ihr Hund läuft nicht, sobald er sein Geschirr trägt.**
Gerade bei Welpen ist das meist eine Sache der Gewohnheit. Je häufiger sie es tragen, desto normaler wird es. Wenn Sie das Lieblingsspiel Ihres Welpen nur noch dann spielen, wenn er sein Geschirr trägt, wird er dieses bald lieben.

◼ **Ihr Hund sträubt sich, sobald die Leine am Geschirr befestigt wird.**
Auch diese Situation findet man oft bei Welpen. Lassen Sie ihn einfach ein paar Tage mit einer kleinen Hausleine in der Wohnung herumlaufen. So lernt er das Gefühl kennen, dass etwas Gewicht an ihm hängt. Wichtig: Die Leine darf keine Schlaufe haben, damit Ihr Hund nirgendwo hängen bleiben kann.

◼ **Wenn Sie die Leine fallen lassen und sich verstecken, interessiert das Ihren Hund nicht – er schnüffelt einfach weiter.**
Packen Sie für einige Monate den Futternapf in den Schrank. Füttern Sie Ihren Hund nur noch auf Spaziergängen. Orientiert er sich nicht an Ihnen, gibt es eben nichts zu essen. Ich wette, spätestens nach ein paar Tagen hat Ihr Hund das Spiel verstanden. Dann darf es für richtiges Verhalten auch gerne mal eine ganze Handvoll Futter geben.

◼ **Trotz des Zugs auf der Leine bleibt Ihr Hund regungslos sitzen oder liegen.**
Auch hier sollten Sie – wie beim dem vorherigen Tipp – zur Handfütterung übergehen. Möchte Ihr Hund nicht spazieren gehen, gibt es eben auch nichts zu essen.

Interessiert sich Ihr Hund draußen nicht für Sie, steigen Sie auf Handfütterung um.

HOHE ERREGUNGSLAGE

Wenn Ihr Hund schnell erregt ist, sollten Sie genau prüfen, worauf das zurückzuführen ist. Liegt es an der Rasse oder an den Lebensumständen? Wenn Sie die Ursache kennen, können Sie gezielt mit ihm trainieren.

Grundsätzlich gibt es drei verschiedene Ursachen für eine hohe Erregungslage:

♦ Veranlagung
♦ Bedingungen des Heranwachsens
♦ Haltung und Erziehung

Veranlagung

Vor allem Jagd- und Hütehunde sind relativ schnell aufgeregt und haben ihre hohe Erregungslage in Alltagssituationen oft nicht im Griff. Betrachten wir ihre Herkunft, ist diese hohe Erregungslage durchaus sinnvoll: Jagdhunde müssen je nach ihrer Nutzungsart Wild anzeigen, es aufstöbern oder eventuell selbstständig töten. Hütehunde müssen aufpassen, dass die Herde zusammenbleibt. Sie müssen von einer Sekunde auf die andere losrennen können, um einem Ausreißer Einhalt zu gebieten.

Das Hüteverhalten ist eine abgebrochene Jagdsequenz. Bis auf das Packen und Töten zeigen Hütehunde die gleichen Verhaltensweisen wie Jagdhunde.

Ursachen für Probleme

Heute werden viele Jagd- und Hütehunde als ganz normale Familienhunde gehalten. Nicht selten hat man ihnen ihren Job genommen – sie sind sozusagen arbeitslos geworden. Trotzdem möchten diese Tiere ihre angeborenen Verhaltensweisen ausleben. Das kann im Alltag Probleme bereiten.

Wer hat nicht schon den Schäferhund gesehen, der aufgeregt bellt oder in die Leine beißt und wilde Zerrspiele veranstaltet? Dass das dem anderen Ende der Leine unangenehm ist, können Sie sich vorstellen.

Auch diese Szene könnte Ihnen bekannt vorkommen: Der Terrier, der zu Beginn des Spaziergangs in der Leine hängt, vielleicht sogar nur noch auf den Hinterbeinen läuft, und es nicht erwarten kann, endlich ohne Leine laufen zu dürfen.

Aufgrund ihrer ursprünglichen Nutzungsform tendieren diese Hunde dazu, schnell in der Erregungslage hochzufahren. Hinzu kommt, dass sie häufig nicht gut mit Frustrationen umgehen können. Hier ein Beispiel: Ein Hund sieht einen Artgenossen und kann es nicht erwarten, zu ihm

zu laufen. Bei vielen Hunden genügt es, einfach abzuwarten, bis der Hund sich wieder beruhigt hat. Ein Hund mit einer geringen Frustrationstoleranz hingegen wird seinen Frust anderweitig loswerden, zum Beispiel, indem er in die Leine beißt oder an seinem Halter hochspringt.

Die ersten Lebenswochen

In den ersten Wochen eines Hundelebens werden die Weichen gestellt: Lebt der Welpe in dieser Zeit zum Beispiel in einer unbehaglichen Umgebung – es ist kalt, vielleicht ist er verwurmt oder hat Angst – dann sind das die ersten Ursachen, die den Hund später schnell gestresst reagieren lassen.
Auch wenn der Raum, in dem die Kleinen gehalten werden, relativ reizarm ist, können die Welpen nicht lernen, mit einer „normalen" Umgebung umzugehen. Sie werden dann regelrecht „reizüberflutet", erleiden einen „Kulturschock", wenn sie an ihre neuen Besitzer abgegeben werden.
Aber auch ein Zuviel an Eindrücken kann nachteilig sein. Insbesondere häufige, andauernde, schnelle Spiele lassen den Welpen eventuell zu wenig zur Ruhe kommen.

TIPP

So sollte es sein:

◆ *Die Welpen sollten es in den ersten Wochen bequem und warm haben.*
◆ *Sie sollen Vertrauen zum Sozialpartner Mensch aufbauen können.*
◆ *Geringer Stress ist erwünscht und wichtig: zum Beispiel unter eine Wärmequelle zu kriechen oder zur „Milchbar".*
◆ *Es sollte erste Stillhalte- und Handlingsübungen durch den Züchter geben.*

Haltung und Erziehung

Viele Probleme entstehen in der Teenagerphase. Hunde im Teenageralter sind ständig aufgeregt, begeistern sich für alles mögliche – nur nicht mehr für ihren Besitzer. Sie interessieren sich in besonderem Maße für andere Hunde und geraten auch häufiger mal mit diesen in Konfliktsituationen. Kurz: Sie führen ein ganz normales Teenieleben …

Allerdings ist dies äußerst unangenehm für den Besitzer. Ist Ihr Vierbeiner in diesem Alter und Sie reagieren in manchen Situationen nicht angemessen, könnten Sie in den Folgejahren einige Arbeit mit Ihrem Hund haben.

Tipps zum Umgang mit einem Hundeteenager

- *Stellen Sie klare Regeln auf – aber nur solche, die ein pubertierender Hund auch einhalten kann. Hier muss häufig die Erwartungshaltung zurückgeschraubt werden.*
- *Vermeiden Sie Situationen, von denen Sie wissen, dass es zu Problemen kommen könnte.*
- *Sichern Sie Ihren Hund häufiger durch eine Schleppleine ab.*
- *Trainieren Sie Übungen zur Impulskontrolle und Frustrationstoleranz (siehe S. 34 f).*

Umgang mit aufgeregten Hunden

Sie können bereits im Trainingsvorfeld einige Managementmaßnahmen ergreifen, die Ihnen das Training später erleichtern.

Möglicherweise ist es für Ihren Hund zu Beginn des Trainings zu schwierig, während eines Spaziergangs locker an der Leine zu gehen. Beginnen Sie daher das Training zu Hause. Schnallen Sie dafür Ihren Hund an ein Brustgeschirr. Dieses wirkt weniger stimulierend als ein Halsband und richtet weniger Schäden an, sollte Ihr Hund stark ziehen. Probieren Sie aus, ob sich Ihr Hund besser an einer langen oder an einer kurzen Leine führen lässt. Bestätigen Sie jede Art von Ruhe.

Gehen Sie möglichst in reizarmer Umgebung spazieren. Hier gilt: Schnüffelt Ihr Hund, bleiben Sie stehen. Machen Sie Ihren Spaziergang möglichst gemütlich. Sobald Ihr Hund sich auf dem Spaziergang zu Ihnen umwendet, belohnen Sie ihn. Hierfür müssen manche Hunde erst lernen, draußen Leckerchen zu nehmen.

Zusammengefasst: Sowohl Sie als auch Ihr Hund sollen den gemeinsamen Spaziergang wieder genießen können. Und das eigentliche Training beginnt erst einmal im Wohnzimmer oder im Garten.

Häufig ist es unsere Inkonsequenz, die Hunde an der Leine ziehen lässt.

... Lösung in Sicht: die Ein-Schritt-Übung

Eine schöne Übung, die aber einige Geduld von Ihnen und Ihrem Hund verlangt, ist die Ein-Schritt-Übung. Sie ist besonders für die Vierbeiner geeignet, die sich sofort in die Leine stemmen und die man als Besitzer kaum halten kann. Mit dieser Übung wird der Hund regelrecht ausgebremst, bevor er überhaupt losrennen kann.

gehalten und während der ganzen Übung nicht verändert. Auch Ihr Arm sollte möglichst am Körper anliegen. Falls Ihr Hund zieht, sollten Sie sich nicht dazu verleiten lassen, eine Armlänge nachzugeben.

1 Ihr Hund befindet sich neben Ihnen, sie halten die Leine relativ kurz, sodass Ihr Hund möglichst wenig Spiel hat und nicht unvermittelt in die Leine springen kann. Am besten merken Sie sich einen bestimmten Punkt an der Leine, wie einen Ring. Alternativ machen Sie sich einen Knoten in die Leine. An dieser Stelle wird die Leine

2 Ihr Hund sollte es schaffen, an der lockeren Leine neben Ihnen zu stehen. Ein eindeutiges Merkmal hierfür ist, dass der Karabinerhaken locker auf dem Hals liegt oder locker seitlich am Halsband hängt. Dies ist Ihr Ausgangspunkt, jetzt kann es endlich losgehen – und zwar genau einen Schritt.

1 Foxs steht an der lockeren Leine neben seiner Halterin.

2 Der Karabinerhaken sollte locker am Halsband herabhängen.

3 Höchstwahrscheinlich wird die Leine nun gespannt sein. Das heißt für Sie: stehen bleiben und warten, bis sich Ihr Hund zurückorientiert und der Karabinerhaken wieder locker am Hals hängt. Allerdings soll sich Ihr Hund nicht nur umschauen. Vielmehr sollte er sich wieder mit seiner Schulter in der Höhe Ihres Beins befinden, bevor es weitergeht. Sollte dies nicht möglich sein, hangeln Sie sich an der Leine einen Schritt vorwärts, ohne dass Ihr Hund weiter voran kommt. Lassen Sie die Leine wieder locker. Bleibt Ihr Hund stehen, geht es wieder los – wieder genau einen Schritt.

4 Zieht Ihr Hund nach diesem Schritt, geht die Übung von vorne los. Warten Sie wieder, so lange, bis die Leine locker ist. Bleibt die Leine locker, dürfen Sie den nächsten Schritt vorwärts gehen. Sie merken schon: Für diese Übung braucht nicht nur Ihr Hund Geduld, sondern auch Sie.
Sie können diese Übung auch an einer Treppe trainieren. In diesem Fall haben Sie eine genaue Kontrolle darüber, wann Ihnen Ihr Hund einen Schritt voraus ist, nämlich genau eine Treppenstufe.

3

4

3 Nun kann es endlich losgehen – genau einen Schritt.

4 Zieht Ihr Hund, warten Sie, bis die Leine wieder locker ist.

„Fersengeld"

Diese Übung ist besonders für Hunde (und Halter) geeignet, die nicht gut mit Frustration umgehen können. Hier hat der Hund schnell Erfolg und muss nicht lange auf seine Belohnung warten. Wichtig ist es, dass Sie Ihren Hund möglichst schnell belohnen können. Hierzu nehmen Sie bereits zu Beginn der Übung mehrere Leckerchen in die Hand. Läuft Ihr Hund – wie auf unseren Fotos – rechts, sollten Sie die Leine in der linken Hand halten. Diese kann im Gegensatz zur ersten Übung ein wenig Spiel haben und sollte eher etwas länger sein.

2 Während Ihr Hund das erste Leckerchen frisst, gehen Sie schon den ersten Schritt. Legen Sie wieder ein Futterbröckchen neben Ihren Fuß. Achten Sie darauf, dass Ihr Hund Sie nicht überholt. Er kann aber ruhig mitbekommen, dass Sie bereits das nächste Leckerchen ausgelegt haben. Das heißt, Sie müssen anfangs möglicherweise ziemlich schnell sein.

1 Voraussetzung für die Übung ist es allerdings, dass Ihr Hund Leckerchen aus der Hand oder – besser – vom Boden aufnimmt. Die Leckerchen haben Sie in der Hand, die sich näher am Hund befindet. In unserem Beispiel ist es die rechte Hand. Legen Sie als erstes ein Leckerchen neben Ihren Fuß auf den Boden.

1 *Die Übung funktioniert nur, wenn Ihr Hund Leckerchen vom Boden frisst.*

2 *Während Ihr Hund frisst, gehen Sie schon einen Schritt weiter.*

3 Hat Ihr Hund auch dieses Leckerchen gefressen, gehen Sie wieder ein Stück weiter und legen das nächste Leckerchen aus. Hat Ihr Hund das Prinzip verstanden, können Sie Ihre Schrittzahl variieren: Mal gehen Sie nur zwei Schritte, bis das nächste Leckerli fällt, dann ein paar Schritte mehr. Ziel ist, dass Ihr Hund gar nicht mehr ziehen möchte, sondern das nächste Leckerli erwartet.

4 Himmelt Ihr Hund Sie wie im abgebildeten Foto an? Herzlichen Glückwunsch! Sie sind schon ein gutes Stück weiter gekommen. Auch jetzt heißt es wie bei vielen Übungen: Wechseln Sie die Umgebung. Achten Sie aber darauf, dass es für Ihren Hund nicht zu schwierig wird. Er sollte auf jeden Fall noch scharf auf sein Futter sein, sonst ist diese Übung nicht sinnvoll.

3 Holt Ihr Hund auf, „bremsen" Sie ihn durch ein nächstes Leckerli aus.

4 Das Ziel: Ihr Hund himmelt Sie an – das nächste Leckerli erwartend.

... und wie man sie vermeidet

1 Achten Sie darauf, dass Sie wirklich erst weitergehen, wenn die Leine locker ist. Ansonsten haben Sie die Ausdauer Ihres Hundes trainiert: Wenn er nur lange genug zieht, kommt er doch weiter. An dieser Stelle ist Ihre Geduld besonders gefordert. Also, durchhalten. Bleiben Sie lieber zu lange stehen als zu kurz.

2 Locken Sie Ihren Hund nicht zurück, wenn er Sie bereits überholt hat. Sonst lernt er ganz schnell, dass die Extraschleife dazugehört. Also: Überholt Ihr Hund Sie, bleiben Sie stehen, drehen Sie sich um und beginnen Sie das gleiche Spiel in die andere Richtung. Seien Sie aber dieses Mal schnell genug, damit er Sie erst gar nicht überholen kann!

1

2

1 *So soll es nicht aussehen: Foxs kommt weiter, obwohl die Leine noch gespannt ist.*

2 *Leela hat ihre Besitzerin fast überholt. Diese ist mit ihrer Belohnung zu spät.*

Ist Ihr Hund draußen sehr abgelenkt, verwenden Sie zunächst besondere Leckerbissen.

Was tun, wenn nichts hilft?

Zur Ein-Schritt-Übung:

■ **Ihr Hund kann sich drinnen schon ganz gut konzentrieren, aber draußen klappt es einfach nicht.**
Sichern Sie Ihren Hund draußen zusätzlich über ein Kopfhalfter ab. Wie Sie damit umgehen, lernen Sie auf Seite 60.

■ **Ihr Hund schafft es nicht einmal in der Wohnung, auch nur einen Schritt zu absolvieren ohne zu ziehen. Er ist auch ansonsten immer unruhig.**
Vorsicht! Hier brauchen Sie dringend professionelle Hilfe. Wenden Sie sich bitte an einen auf Verhaltenstherapie spezialisierten Tierarzt.

Zum Fersengeld:

■ **Ihr Hund möchte keine Leckerchen vom Boden fressen.**
Probieren Sie einmal, die Leckerchen ein Stück über den Boden kullern zu lassen. Dann sind sie meist etwas attraktiver. Ansonsten brauchen Sie zu Beginn einfach ganz besonders schmackhafte Leckereien.

■ **Sobald die Ablenkung zu groß ist, kann Ihr Hund sich nicht mehr konzentrieren und interessiert sich nicht mal mehr für Futter.**
Wählen Sie die Trainingsschritte kleiner. Möglicherweise war Ihr Trainingsschritt zu groß, und Sie haben die Anforderungen zu schnell gesteigert. Im Zweifelsfall suchen Sie sich Hilfe bei einem Fachmann.

LEINENAGGRESSION

„Hängt" Ihr Hund bei der Begegnung mit anderen Hunden in der Leine und „pöbelt", spricht man in der Regel von „Leinenaggression". Finden Sie heraus, warum Ihr Hund in dieser Form reagiert, bevor Sie mit dem Training beginnen.

Ihr Hund zu pöbeln. Sie hängen an der Leine und haben Mühe, Ihren Hund zu halten. Nicht nur die Vierbeiner pöbeln sich nun an, auch die Zweibeiner beschimpfen sich gegenseitig. Dieses Szenario hat nichts mehr mit einem entspannten Spaziergang zu tun.

Ursachen fürs „Pöbeln"

Früher wurde häufig behauptet, dass der Hund sich an der Leine stark fühlen oder seinen Besitzer beschützen wollen würde. Heute weiß man, dass die Leinenaggression ganz andere Ursachen hat. Angeleinte Hunde sind tagtäglich Situationen ausgesetzt, die es in dieser Form im Freilauf nicht gibt. Wären die Hunde nicht angeleint, würden sie in einer wie oben beschriebenen Situationen vielleicht erst einmal stehen bleiben oder in einem Bogen aneinander vorbeigehen. Das jedoch wird durch die Leine verhindert. Stattdessen müssen die Hunde direkt aufeinander zu gehen. Das wirkt auf das Gegenüber durchaus bedrohlich. Meistens ist hier auch schon ein deutliches Drohfixieren zu beobachten. Die Hunde schauen sich an und sind nicht mehr ansprechbar. Trotz des Drohens wird von beiden weiterhin – im Prin-

Der Klassiker: Balou hängt in der Leine und pöbelt.

Beginnen wir mit einem Beispiel: Sie haben Ihren Hund an der Leine. Von weitem sehen Sie schon, dass Ihnen ein anderer Hund entgegenkommt. Ihr Hund hat das natürlich auch bereits gesehen und beginnt, sein Gegenüber zu fixieren. Sie haben keine Möglichkeit auszuweichen. Sie nehmen die Leine kürzer oder packen Ihren Hund direkt am Halsband, damit er nicht unvermittelt in die Richtung des anderen Hundes springt. Schon beginnt

zip unfreiwillig – die Individualdistanz unterschritten. Folglich reagieren die Hunde mit Aggressionsverhalten.

Ursachen für Aggressions-verhalten

Irgendwann ist immer das erste Mal: Mein Hund begegnet einem anderen Hund, der ihm nicht ganz geheuer ist; er bekommt Angst. Hunde haben mehrere Möglichkeiten, mit ihrer Angst umzugehen: Sie flüchten – das wird durch die Leine verhindert; sie erstarren – doch meistens wird der Hund durch den Besitzer weitergezogen; sie vollführen Spielaufforderungen – auch dies ist an der Leine nur eingeschränkt möglich; sie reagieren mit aggressivem Verhalten.

Warum wird die Aggression als häufigste Strategie gewählt? Das ist die Folge eines Lernprozesses. Der Hund hat gelernt, durch Aggression zum Erfolg zu kommen: Der andere Hund nähert sich nicht weiter bzw. das andere Hund-Halter-Team weicht dem bellenden Gespann lieber aus. Sprich: Aggression bringt die gewünschte Distanz.

Eine nicht zu vernachlässigende Komponente bildet das andere Ende der Leine: der Mensch. Denn in der Regel „pöbeln" Sie mit. Was Sie wollen, ist klar: Ihr Hund soll aufhören zu bellen. Was Sie aber erreichen, ist eine Verstärkung des Verhaltens: Ihr Hund fühlt sich durch Ihr Schimpfen bestätigt. Oder: Ihr Hund hat schon Stress und jetzt machen Sie ihm noch zusätzlich Stress!

Ein unsicheres Drohen – Balou entblößt sein komplettes Gebiss.

Aufmerksamkeit als Belohnung

Hunde tun nur das, was sich lohnt. Eine Art von Belohnung für den Hund ist Aufmerksamkeit. Hierbei ist dem Hund erst einmal egal, ob er die Aufmerksamkeit des Besitzers in Form von netten Worten oder in Form von Beschimpfungen bekommt. Denn schimpfen ist besser als keine Aufmerksamkeit. Aus der Sicht des Hundes belohnen Sie demnach sein Verhalten.

Alternativ kann Ihr Hund durch Ihr Schimpfen Folgendes lernen: „Oh je, jetzt hat mein Zweibeiner auch noch schlechte Laune, und ich muss mich auch noch vor ihm fürchten." Denn: Ihr Hund hat aufgrund des entgegenkommenden Hundes sowieso schon Angst. Nun machen Sie ihm durch Ihr Schimpfen noch zusätzlichen Stress. Was passiert beim nächsten Mal? Ihr Hund hat noch mehr Angst, da er nicht nur seinen Artgenossen fürchtet, sondern auch noch Ihre schlechte Laune – ein Teufelskreis beginnt. Trägt der Hund, der an der Leine pöbelt, überdies einen Endloswürger oder ein Stachelhalsband oder gibt ihm der Besitzer Leinenrucke, hat der Hund zu der Angst noch körperlichen Schmerz oder Atemnot. Der entgegenkommende Hund wird zum Signal für körperlichen Schmerz. Ihr Hund gerät in einen Teufelskreis und hat bei jeder folgenden Situation noch mehr Angst.

Im Training sollte Ihr Hund in eine andere Stimmungslage versetzt werden. Bleiben Sie ruhig, überträgt sich das auf Ihren Hund.

Stellen Sie sich vor, Sie bekämen bei jeder Begegnung mit einem anderen Menschen keine Luft mehr. So geht es Ihrem Hund, wenn er durch Leinenrucke oder Endloswürger am Hals gewürgt wird, wenn er sich bei der Begegnung mit Artgenossen in die Leine hängt.

Im Training ist es wichtig, dass Sie nicht versuchen, das Aggressionsverhalten abzubrechen. In den meisten Fällen funktioniert das sowieso nicht zuverlässig. Im besten Fall ist er zwar ruhig, schlecht geht es ihm aber immer noch dabei. Nicht sehr zufriedenstellend, oder?

Vielmehr sollte Ihr Hund eine andere Stimmungslage lernen, wenn er anderen Vierbeinern begegnet. Wie wäre es denn, wenn er sich demnächst über die Begegnung mit anderen Hunden freut? Wie Sie das erreichen, erfahren Sie gleich im praktischen Teil.

... Lösung in Sicht

Zu Beginn ist es von Vorteil, sich mit einem Hund-Halter-Team zu verabreden, damit Sie erst einmal das richtige Handling üben können. Unser Ziel ist Folgendes: Wenn Ihr Hund einen Artgenossen wahrnimmt, soll er in Zukunft nicht mehr bellen, sondern Sie anschauen.

1 Wählen Sie bei dieser Übung unbedingt eine Belohnung, der Ihr Hund nicht widerstehen kann. In der Praxis haben sich hier mit Hundeleberwurst gefüllte Tuben zum Nuckeln bewährt. Diese haben den Vorteil, dass Sie nicht ständig Leckerchen „nachladen" müssen. Denn Sie brauchen viel Futter, um „heil" aus der Situation heraus zu kommen, und die Aufnahmekapazität Ihrer Hand ist begrenzt. Der andere Vorteil ist, dass sich Ihr Hund am anderen Hund „vorbeinuckeln" kann. So kommt er gar nicht in Versuchung, vielleicht doch in einer Futterpause mit dem Bellen zu beginnen.

2 Beginnen Sie in einer stressfreien Trainingssituation. Das ist zum Beispiel die Begegnung mit einem bekannten Hundekumpel. Halten Sie genügend Abstand, sodass Ihr Hund noch denken kann.
Ob der Stresslevel für Ihren Hund noch in Ordnung ist, erkennen Sie daran, dass Ihr Hund in der Trainingssituation noch essen kann. Denn wie so oft brauchen wir auch bei dieser Übung wieder leckere Häppchen. Ihr Hund sieht den anderen Hund und pöbelt noch nicht? Prima. Dann sollten Sie beginnen, ihn zu füttern. Lassen Sie ihn an der Tube nuckeln.

1 *Befüllen Sie Futtertuben selbst oder kaufen Sie fertig gefüllte Tuben.*

2 *Füttern Sie Ihren Hund, sobald Sie den anderen Hund wahrnehmen.*

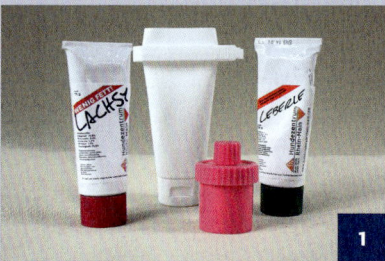

3 Wenn Ihr Hund noch kein aggressives Verhalten zeigt, schaffen Sie es eventuell auch, sich dem Gegenüber zu nähern. Achten Sie darauf, dass Ihr Hund nicht aufhört zu nuckeln. Beginnt er jedoch wieder, den anderen Hund zu fixieren und zu bedrohen, nehmen Sie das Futter weg und gehen raus aus der Situation. Sollte dagegen alles gut gehen, darf Ihr Hund nuckeln, bis Sie am anderen Hund vorbei sind. Ist der andere Hund verschwunden, verschwindet auch die köstliche Leberwurst.

Zugegeben, Sie möchten vielleicht nicht immer mit einer Leberwursttube spazieren gehen. Auch hierfür haben wir eine Alternative. Es hat sich auch bewährt, Leckerchen auf den Boden kullern zu lassen. Natürlich sollten Sie darauf achten, dass das Futter nicht dem Gegenüber vor die Nase rollt. Der Vorteil der kullernden Leckerchen besteht darin, dass sie durch die Bewegung häufig attraktiver sind, als die Leckerchen aus der Hand. Zudem haben Sie auf diese Weise genug Zeit, um die nächsten Leckerchen aus der Tasche zu holen. Der dritte Vorteil: Schnüffeln am Boden ist eine Beschwichtigungsgeste. Das entspannt auch die Stimmungslage des Gegenübers.

3

3 *Kimo kann an der Tube nuckelnd seinen Artgenossen passieren.*

1 Sollte Ihnen das Training in der Bewegung erst einmal zu kompliziert sein oder beginnt Ihr Hund trotz der Bewegung doch wieder zu pöbeln, gibt es auch hierfür eine Alternative: Sobald Ihr Hund sein Gegenüber wahrgenommen hat, lassen Sie ihn sich erst einmal am Wegrand hinsetzen. Macht er das, ohne zu pöbeln, belohnen Sie ihn und geben Sie ihm etwas zu fressen. Auch in diesem Fall ist Futter aus der Tube wieder das Mittel der Wahl.

2 Ist eine offene Annäherung vielleicht zu schwierig, dann üben Sie Folgendes: Wählen Sie eine Entfernung, in der Ihr Hund noch entspannt essen könnte, selbst wenn er einen anderen Hund wahrnehmen würde. Lassen Sie einen Trainingshund hinter einem Auto, einer Hecke oder hinter einem anderen Sichtschutz auftauchen. Ihr Hund nimmt den Hund wahr und reagiert nicht, weder mit Knurren noch mit Bellen? Prima, nun darf er nuckeln oder eine große Portion Leckerchen vom Boden aufnehmen. Hat Ihr Hund die Situation einige Sekunden ausgehalten, besteht die zusätzliche Belohnung darin, dass der andere Hund wieder hinter dem Sichtschutz verschwindet. Nun ist natürlich auch das leckere Futter weg.

1 Der erste Schritt: Ihr Hund sitzt und Sie geben ihm seine Belohnung.

2 Auch eine Belohnung: Der andere Hund verlässt das Sichtfeld.

3 Ist dieses Spiel – unabhängig davon, ob in der Bewegung oder im Sitzen – zur Routine geworden, können Sie mutiger werden. Wenn ein anderer Hund in Sichtweite kommt, bewahren Sie die Nerven und warten Sie einmal ab. Wahrscheinlich wird sich Ihr Hund ziemlich schnell von dem anderen Hund ab- und Ihnen zuwenden. Das können Sie dann wieder belohnen. Der Unterschied bei dieser Übung: Sie locken Ihren Hund nicht mehr vom anderen Hund weg. Vielmehr belohnen Sie richtiges Verhalten – in diesem Fall das Abwenden vom anderen Hund.

4 Haben Sie diesen Schritt geschafft, sind Sie schon ein gutes Stück weitergekommen. Sie haben Ihrem Hund ein Alternativverhalten beigebracht: Statt zu pöbeln, schaut er Sie an. Ein schöner Nebeneffekt ist zudem, dass Ihr Hund nicht nur „Gehorsam" in Anwesenheit anderer Hunde gelernt hat. Sie haben auch noch seine Stimmungslage gedreht. Wahrscheinlich findet er andere Hunde nun toll, da es bei der Begegnung mit diesen leckeres Futter von Ihnen gibt.

3 *Nach vielen Wiederholungen: Freiwilliges Abwenden wird belohnt.*

4 *Geschafft: Der Artgenosse löst den erwartungsvollen Blick zu Ihnen aus.*

... und wie man sie vermeidet

1 Vermeiden Sie es – auch in Trainingssituationen – die Leine zu kurz zu nehmen, denn dann fühlt sich Ihr Hund eingeschränkt und kann sich möglicherweise nicht entspannen. Wählen Sie lieber zu Beginn des Trainings mehr Abstand oder sichern Sie Ihren Hund durch ein Kopfhalfter ab, wenn Sie sich unsicher fühlen.

2 Hat Ihr Hund bereits begonnen, zu pöbeln, versuchen Sie nicht, ihn über Futter abzulenken. Im Zweifelsfall lernt Ihr Hund, dass er für die unerwünschte Verhaltensweise seine Belohnung bekommt. In solchen Fällen ist es besser, wenn Sie kommentarlos den Schauplatz verlassen.

1 Ein Griff ans Halsband kann wie eine zu kurze Leine aggressives Verhalten provozieren.

2 Pöbelt Ihr Hund bereits, versuchen

Was tun, wenn nichts hilft?

- **Ihr Hund nimmt in Begegnungs-situationen kein Leckerchen.**
  Wahrscheinlich ist der Stresslevel für Ihren Hund zu hoch. Vergrößern Sie den Abstand. Mehrere hundert Meter sind zu Beginn des Trainings keine Seltenheit.

- **In Trainingssituationen läuft es gut, aber im Alltag ist alles wie gehabt.**
  Vermeiden Sie zu Beginn des Trainings möglichst Gebiete, in denen Ihnen viele Hunde begegnen können. Je weniger Ihr Hund aggressives Verhalten an der Leine lernt, umso besser. Erst wenn das Training zuverlässig klappt, können Sie beginnen, auch wieder im Alltag Hundekontakte zu suchen.

- **Die Stimmung ist wechselhaft: Mal läuft über Wochen alles gut und dann geht alles wieder von vorne los.**
  Suchen Sie bitte einen Tierarzt auf. Möglicherweise hat Ihr Hund ein Schmerzproblem, oder eine andere klinische Ursache (zum Beispiel eine Schilddrüsenunterfunktion oder Herzprobleme) führt zu seinem Aggressionsverhalten.

- **Vielleicht sind auch Begegnungen mit anderen Hunden gar nicht Ihr Problem, sondern Ihr Hund reagiert auf entgegenkommende Menschen oder Kinder?**
  Natürlich ist dieses Training auf andere Begegnungssituationen übertragbar. Auch hier sollten Sie erst einmal die problematischen Situationen nachstellen.

2

Sie nicht, ihn mit Futter abzulenken.

JAGDVERHALTEN AN DER LEINE

Viele Hunde, die ursprünglich für die Jagd gezüchtet wurden, leben heute als Familienhunde und sind „arbeitslos". In diesem Fall suchen sich die Vierbeiner gerne ein Hobby. Richten sie ihr Jagdverhalten auf unerwünschte Objekte, kann es richtig gefährlich werden.

Jagdverhalten ist zu allererst einmal ein Normalverhalten unserer Hunde. Viele Jagd- und Hütehunde leben mittlerweile als Familienhunde, meist ohne zu „arbeiten", wie es ihrem Nutzungstyp entspräche.

Viele Menschen bedenken nicht, dass auch die so beliebten Retriever-Rassen, wie der Golden Retriever und der Labrador, Jagdhunde sind. Auch andere sehr in Mode gekommene Rassen wie Jack Russell Terrier, Rhodesian Ridgeback oder der Magyar Viszla sind allesamt Jagdhunde. Natürlich gibt es bei vielen Rassen mittlerweile Show- und Arbeitslinien. Dabei benötigen die Showlinien in der Regel nicht so viel Arbeit wie die Arbeitslinien. Nichtsdestotrotz sind und bleiben es Jagdhunde.

Obwohl Jagen also zum Normalverhalten gehört, finden wir es häufig störend, insbesondere, wenn die Beute doch eher ungewöhnlich und vielleicht sogar gefährlich ist. Vor allem sich bewegende Objekte – Radfahrer, Autos und Jogger – sind bei unseren Hunden durchaus beliebt.

Wieso ist das so? Wenn wir unseren Hunden nichts mehr zu tun geben, suchen sie sich eben ihre Beute selbst – und das ist in der Regel alles andere als günstig …

Was das Training erschwert

Manchen Hundehaltern ist es vielleicht gar nicht bewusst, dass es sich beim Verhalten ihres Hundes um Jagdverhalten handelt. Manchmal sieht es vielleicht auch aus wie eine Form von Aggressionsverhalten – doch es hat leider gar nichts damit zu tun. Leider deshalb, weil Jagdverhalten selbstbelohnend ist: Jedes Mal, wenn Ihr Hund einem Radfahrer hinterherrennen möchte, hatte er bereits eine Endorphinausschüttung im Gehirn. Das heißt, es geht ihm bereits richtig gut. Er braucht keinen Jagderfolg mehr, um glücklich zu sein. Genau das macht das Training so schwierig. Denn jedes Mal, wenn Ihr Hund die Gelegenheit zum Jagen hat, ist das für ihn lohnenswert. Und da Hunde immer das machen, was sich lohnt, wird er dieses Verhalten in Zukunft häufiger zeigen.

Für Elmo stellt der Radfahrer eine willkommene Jagdbeute dar.

Autos sind das bevorzugte Jagdobjekt dieses Dobermanns.

Jagd auf unerwünschte Objekte

Erst einmal ist es ganz wichtig, dass Ihr Hund möglichst keine Gelegenheit mehr dazu hat, unerwünschte Objekte zu jagen. Das heißt ganz praktisch: Jagt Ihr Hund Autos, gehen Sie dort spazieren, wo es relativ unwahrscheinlich ist, dass Ihnen ein Auto begegnet. Wohnen Sie an einer stark befahrenen Straße, bleibt Ihnen nichts anderes übrig, als Ihren Hund ins Auto zu packen und erst einmal aufs Feld zu fahren. Natürlich nur so lange, bis Sie das unerwünschte Verhalten umtrainiert haben.

Interessiert sich Ihr Hund für Radfahrer oder Jogger, gehen Sie dort spazieren, wo Ihnen möglichst wenig passende „Objekte" begegnen.

Damit Sie eine Chance haben, Ihren Hund bei einer unerwünschten Begegnungssituation doch noch zu halten, sollten Sie ihn durch ein Kopfhalfter absichern. Wie Sie Ihren Vierbeiner daran gewöhnen, lernen Sie auf Seite 60. Der Vorteil des Kopfhalfters besteht darin, dass Sie Ihren Hund mit wenig Kraftaufwand auch in schwierigen Situationen gut kontrollieren können.

Die richtige Auslastung

Ein Hund muss jagen dürfen. Das heißt natürlich nicht, dass Sie Ihren Hund in Zukunft wildern lassen sollen. Trotzdem kann ich einem Jagdtier nicht einen Teil seines Normalverhaltens komplett wegnehmen, das wäre tierschutzrelevant. Deshalb braucht Ihr Hund einen Ausgleich, zum Beispiel ein gemeinsames Spiel, bei dem er jagen darf.

Es gibt viele Möglichkeiten, wie Sie Ihren Hund artgerecht auslasten können: Dazu gehören einfache Suchspiele. Auch diese sind eine Form des Jagens. Hierzu bietet sich eine einfache Leckerchensuche an, eine künstliche Spur mit Würstchenwasser oder komplexere Aufgaben wie Dummytraining oder das Suchen von persönlichen Gegenständen. All das sind Beispiele dafür, wie Sie Ihren Hund kontrolliert „jagen" lassen können. (Buchtipps hierzu finden Sie im Service.) Ganz nebenbei verstärken Sie so die Bindung zu Ihrem Hund. Denn es gibt doch nichts Schöneres, als gemeinsam auf die Jagd zu gehen!

... Lösung in Sicht

In diesem Kapitel stelle ich Ihnen zwei Trainingsmöglichkeiten vor. Die erste Übung eignet sich für spielzeugbegeisterte Hunde. Spielzeuge sind nämlich nichts anderes als Beuteobjekte. Sprich, wir versuchen, das Jagdverhalten des Hundes auf eine Alternativbeute umzulenken. Ihr Hund ist nicht für Spielzeug zu begeistern? Dann können Sie mit der zweiten Übung arbeiten. Also – viel Spaß beim Ausprobieren!

INFO

Bevor ein Hund eine Übung beherrscht, müssen Sie diese an den verschiedensten Orten üben. Erst dann kann Ihr Hund das Verhalten sicher abrufen – er hat die Übung generalisiert.

Der spielzeugbegeisterte Hund

1 Nehmen Sie das Lieblingsspielzeug Ihres Hundes. Spielen Sie erst einmal ein paar Tage selbst damit – allein oder mit anderen Zweibeinern. Für Ihren Hund ist das Spielzeug in diesen Tagen tabu. Packen Sie es weg, wenn Sie mit Spielen fertig sind. Ihr Hund sollte keine Gelegenheit haben, an das Superspielzeug heran zu kommen. Nach ein paar Tagen darf Ihr Hund auch wieder mitspielen. Aber auch jetzt gibt es das Spielzeug nur in der direkten Interaktion mit Ihnen. Sobald Ihr gemeinsames Spiel vorbei ist, packen Sie das Spielzeug wieder weg.

2 In unserem Beispiel möchte der Hund Radfahrer jagen. Lassen Sie den Radfahrer in einer Entfernung an Ihrem Hund vorbeifahren, in der Ihr Hund noch denken kann und mit Ihnen spielen möchte. Am Anfang können das durchaus einige hundert Meter sein.

1 Solcherlei Spielzeuge kommen für das Training in Frage.

2 Zu Beginn des Trainings sollten Sie genügend Abstand halten.

1

2

3 Nun kommt Ihr Job: In dem Augenblick, in dem Ihr Hund den Radfahrer wahrnimmt, werfen Sie das Superspielzeug in die entgegengesetzte Richtung.
Sollte Ihr Hund auf die Idee kommen, mit dem Spielzeug im Maul dem Radfahrer hinterher zu laufen, brauchen Sie ein anderes Spiel, zum Beispiel ein kleines Zerrspiel.
Apportierspiele sind an der Leine natürlich schwierig. Wenn Sie Ihren Hund nicht an einer kurzen Leine haben, sichern Sie ihn bitte über eine Schleppleine ab. Es gilt auf jeden Fall zu verhindern, dass das Fahrrad doch wieder spannender wird als Ihr Superspielzeug.

4 Wenn Sie eine Zeitlang jedes Mal beim Anblick jedes Fahrradfahrers das Superspielzeug werfen, wird Ihr Hund sich in Zukunft freuen, ein Fahrrad zu erblicken. Nicht mehr, weil er hinterherrennen möchte, sondern weil es bei Ihnen dann so ein tolles Spielzeug gibt.

3 *Ihr Spiel muss spannender sein als die „Jagdbeute".*

4 *Taucht der Radfahrer auf, fliegt sofort der Ball.*

... Trainieren eines Alternativverhaltens

Ist Ihr Hund kein Spielzeugfan oder ist die auf den vorigen Seiten vorgestellte Übung aus anderen Gründen nicht geeignet, können Sie Ihrem Hund ein Alternativverhalten antrainieren. Er soll lernen, beim Anblick seiner Beute – zum Beispiel Autos – seinen Besitzer anzuschauen. Hierzu muss Ihr Hund erst einmal das Anschauen auf Signal lernen. Und zwar ohne den Kontext Autos.

1 Wir beginnen in einer ablenkungsarmen Umgebung, zum Beispiel in der Wohnung. Zeigen Sie Ihrem Hund ein Leckerchen. Führen Sie es dann Richtung Brust. Schaut Ihr Hund Richtung Leckerchen, sagen Sie Ihr Lobwort – zum Beispiel „fein" – und geben ihm dann das Bröckchen. Wiederholen Sie diesen Trainingsschritt ungefähr zehn Mal.

2 Klappt das gut, können Sie zum nächsten Schritt übergehen: Sie tun so, als würden Sie ein Leckerchen aus der Tasche holen. Tatsächlich jedoch bleibt Ihre Hand leer. Danach machen Sie die gewohnte Handbewegung Richtung Brust. Sobald Ihr Hund reagiert, sagen Sie Ihr Lobwort. Erst dann greifen Sie in die Tasche und geben ihm die verdiente Belohnung. Auch diese Übung wiederholen Sie etwa zehn Mal.

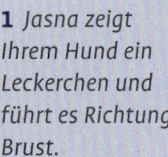

1 Jasna zeigt Ihrem Hund ein Leckerchen und führt es Richtung Brust.

2 Die gleiche Handbewegung – nur ohne Leckerchen.

3 Beherrscht Ihr Hund diese Übung sicher, können Sie ein Wortsignal einführen. Sagen Sie „Schau" oder „Guck mal", bevor Sie die für den Hund bekannte Handbewegung Richtung Brust machen. Auch jetzt bekommt der Hund nach Ihrem Lobwort wieder ein Futterhäppchen. Haben Sie dieses Spiel häufig genug wiederholt – erst Wortsignal, dann Handzeichen – wird Ihr Vierbeiner bereits auf das Wortsignal reagieren. Üben Sie jetzt an verschiedenen Orten und bringen Sie mögliche Beuteobjekte ins Spiel. Können Sie Ihren Hund an verschiedenen sich bewegenden Objekten sicher abrufen? Dann geht es ab in den Ernstfall.

4 Wählen Sie erst einmal eine Seitenstraße mit wenig Verkehr. Kommt ein Auto vorbei, sagen Sie wie bereits trainiert „Schau". Wenn Sie gut geübt haben, schaut Ihr Hund Sie an. Herzlichen Glückwunsch, Sie sind ein gutes Stück weiter im Training! Wählen Sie eine Belohnung, die Ihr Hund besonders gerne mag. Nach und nach können Sie die Ablenkung steigern. Aber denken Sie daran: Ihr Hund gibt das Trainingstempo vor.

3 Trotz Ball: Leela reagiert auf das Wortsignal und sieht Jasna an.

4 Leela schafft es, in der Nähe der Straße ihre Halterin anzuschauen.

... und wie man sie vermeidet

1 Denken Sie immer daran: Ihr Hund gibt das Trainingstempo vor. Also haben Sie Geduld, und wählen Sie die Trainingsschritte klein genug. Je kleiner Ihre Schritte sind und je häufiger Ihr Hund die Übung richtig beenden kann, desto sicherer wird das Verhalten später abrufbar sein.

2 Achten Sie darauf, dass Ihr Spielzeug immer spannend genug bleibt. Merken Sie, dass das Interesse Ihres Hundes nachlässt, müssen Sie eventuell wieder ein paar Tage selbst mit dem Spielzeug spielen, es „aufladen" und für den Hund spannend machen, bevor er es das nächste Mal bekommt.

1 Beginnen Sie mit zu viel Ablenkung, laufen Sie Gefahr, dass Ihr Hund doch wieder jagt.

1

Was tun, wenn nichts hilft?

■ **Ihr Hund interessiert sich trotz all Ihrer Bemühungen nicht für sein Spielzeug.**
Vielleicht ist Spielzeug doch nicht die Superbelohnung für Ihren Hund. Halten Sie mal ein leckeres Bröckchen und das besagte Spielzeug nebeneinander. Für was entscheidet sich Ihr Hund? Ist es das Futter, sollten Sie in Zukunft lieber Futter als Belohnung wählen.

■ **Sobald Sie an einer Straße entlanggehen, schafft Ihr Hund es nicht, Sie anzuschauen.**
Wahrscheinlich waren Sie im Training zu schnell. Gehen Sie erst einmal an eine wenig befahrene Straße oder auf einen Parkplatz. Hier fahren die Autos wesentlich langsamer.

■ **Ihr Hund reagiert gar nicht mehr nur auf die Bewegung, sondern schon, wenn er nur ein Auto hört.**
Suchen Sie unbedingt einen Fachmann auf. Hier brauchen Sie jemanden, der Sie individuell berät und sich die Situation vor Ort anschaut.

■ **Sie kommen im Training nicht weiter; zusätzlich läuft Ihr Hund auch noch am Gartenzaun den Fahrrädern oder Autos hinterher.**
Klar kommen Sie im Training nicht weiter. Ihr Hund hat ja jeden Tag Gelegenheit, das Jagen zu trainieren. Sichern Sie Ihren Gartenzaun durch einen Sichtschutz ab. Sollte das alles nicht helfen, lassen Sie Ihren Hund nur noch unter Aufsicht in den Garten.

2 *Hier ist das Spielzeug nicht spannend genug. Kimo schaut lieber wieder nach Radfahrern.*

ALLES RUND UMS KOPFHALFTER

Ein Kopfhalfter ist ein Hilfsmittel, das Ihnen das Training und den Alltag mit einem an der Leine ziehenden Hund erleichtern kann. Wichtig ist, dass Sie es richtig benutzen.

Es gibt viele Situationen, in denen ein Kopfhalfter Ihnen und Ihrem Hund den Alltag erleichtert. Sei es, dass Ihr Hund unvermittelt nach vorne springt, er an der Straße Autos jagt oder schlicht und ergreifend zu viel Power hat und Sie ihn nicht halten können.

Damit der Alltag mit dem Kopfhalfter stressfrei funktioniert, sollten Sie erst ein wenig Vorarbeit leisten.

Carlotta wird mit einem Leckerli ins Kopfhalfter gelockt.

So wird das Halfter angenehm

Im ersten Schritt halten Sie das Kopfhalfter so, dass Ihr Hund seine Nase durchstecken kann. Halten Sie in der einen Hand die Maulschlaufe. Locken Sie mit einem Leckerchen in der anderen Hand die Hundenase durch die Schlaufe. Sobald Ihr Hund das geschafft hat, geben Sie das Leckerchen frei. Wiederholen Sie diese Übung einige Male, bis Ihr Hund seine Nase freiwillig in die Schlaufe steckt.

Im nächsten Schritt nehmen Sie den Genickriemen und legen ihn Ihrem Hund hinter die Ohren über das Genick. Währenddessen füttern Sie Ihren Vierbeiner. Auch diesen Schritt wiederholen Sie einige Male.

Viele Hunde mögen das Klickgeräusch des Verschlusses hinter den Ohren nicht. Deshalb üben Sie diesen Schritt extra. Legen Sie einfach das Kopfhalfter um den Hundehals und klicken Sie die Schnalle im Genick zu.

Klappen beide Übungen unabhängig voneinander, können Sie das Kopfhalfter komplett aufsetzen und verschließen. Sobald das Halfter verschnallt ist, füttern Sie Ihren Hund einige Sekunden. Dann ziehen Sie es wieder ab. In den nächsten Tagen passiert alles Spannende mit dem Halfter: fressen, spielen, ... So oft Sie am Tag Zeit haben. Bitte lassen Sie Ihren Hund aber nicht unbeaufsichtigt mit Kopfhalfter auf der Nase, damit er nicht doch noch lernt, es sich selbstständig auszuziehen. Und dann kann es losgehen.

Leinenführigkeit mit Halfter

Verwenden Sie eine Leine mit zwei Haken: Einen Haken befestigen Sie wie gewohnt am Halsband oder Geschirr, den anderen unterm Kinn am Kopfhalfter. Eventuell stört sich Ihr Hund erst einmal an dem ungewohnten Gewicht an der Nase. Belohnen Sie Ihren Hund einfach weiterhin dafür, dass er sich ruhig verhält.

Gehen Sie die ersten Schritte. Zieht Ihr Hund, fassen Sie das Leinenende, das am Kopfhalfter befestigt ist, etwas kürzer. Was passiert? Der Kopf wird in Ihre Richtung abgewendet – ziehen lohnt sich nicht mehr. Das könnte Ihren Hund durchaus erst einmal ziemlich frustrieren. Deshalb sollten Sie jedes kooperative Verhalten großzügig belohnen. Verwenden Sie in den nächsten Tagen das Kopfhalfter so häufig wie möglich. Auch hierbei sollten Sie auf kurze Trainingseinheiten achten.

Rucken Sie auf keinen Fall aktiv am Kopfhalfter. Bei Problemen holen Sie sich bitte professionelle Hilfe.

Die Leine wird an Halsband und Kopfhalfter befestigt.

So entspannt kann ein Spaziergang mit Kopfhalfter aussehen.

SERVICE

Sie wollen Ihr Wissen durch Lektüre vertiefen oder sind auf der Suche nach einer guten Hundeschule oder einem Tierarzt für Verhaltenstherapie? Dann werden Sie hier sicher fündig!

Zum Weiterlesen

- del Amo, Celina: *Hundeschule. Step-by-Step zum folgsamen Familienhund.* Verlag Eugen Ulmer, Stuttgart 2007

- del Amo, Celina: *Spaßschule für Hunde. 100 x spielen, tricksen, clickern.* Verlag Eugen Ulmer, Stuttgart 2010

- del Amo, Celina: *Welpenschule.* Verlag Eugen Ulmer, Stuttgart 2010

- del Amo, Celina: *Spielschule für Hunde. 117 Tricks und Übungen.* Verlag Eugen Ulmer, Stuttgart 2011

- Hares, Michaela/Theby, Viviane: *Das große Schnüffelbuch. Nasenspiele für Hunde.* Kynos 2010

- Mahnke, Karina: *Grundschule für Hunde. Sitz, Platz, Komm.* Verlag Eugen Ulmer, Stuttgart 2008

- Pryor, Karen: *Positiv bestärken, sanft erziehen. Die verblüffende Methode, nicht nur für Hunde.* Kosmos Verlag, Stuttgart 2006

- Sondermann, Christina: *Einfach schnüffeln! Nasenspiele für den Hundealltag.* Verlag Eugen Ulmer, Stuttgart 2011

Zum Weiterlernen

- www.hundeschulen.de
  Berufsverband der Hundeerzieher und Verhaltensberater (BHV)
  Wenn Sie eine gute Hundeschule suchen, sind Sie hier an der richtigen Adresse. Der BHV hat in Kooperation mit der IHK Potsdam den Zertifikatslehrgang Hundeerzieher und Verhaltensberater IHK/BHV ins Leben gerufen. Mitglieder des BHV, die dieses Zertifikat besitzen, arbeiten nach dem neuesten Stand der Forschung und bilden sich regelmäßig fort.

- www.gtvmt.de
  Gesellschaft für Tierverhaltenstherapie
  Hier finden Sie Adressen von Tierärzten in Ihrer Nähe, die sich auf Verhaltenstherapie spezialisiert haben und die sich auf diesem Gebiet regelmäßig weiterbilden.

- www.hundezentrum-rhein-main.com
  Homepage der Autorin
  Im Hundezentrum Rhein-Main finden Sie neben einer Tierarztpraxis für Verhaltenstherapie auch eine Hundeschule und -pension.

Bildnachweis

Alle Fotos im Innenteil stammen von Yvonne Schwed, *www.french-bulldogs.de.*
Titelbild: C. Steimer/Juniors Bildarchiv.

Dank der Autorin

An erster Stelle möchte ich mich bei meiner Familie und meinem Partner Rainer Schröder bedanken, die mich bei all meinen Projekten unermüdlich unterstützen.

Ein großer Dank an meine Kunden und die zahlreichen Hunde, die mir im Laufe meines Hundetrainerdaseins über den Weg gelaufen sind. Ohne sie hätte ich bestimmt die ein oder andere Übung nicht ausprobiert. Es gibt immer viele Möglichkeiten, die einen zum Ziel bringen. Mit jedem Hund lernt man immer mindestens eine neue Möglichkeit dazu!

Als letztes danke ich ganz herzlich den Hundemodels mit ihren Besitzern, die da wären:

Gisela und Hugo, Nandita und Carlotta, Jürgen, Yvonne und Ihre vierbeinige Rasselbande, Katha und Joschi, Jasna mit Kimo und Leela, Inge und Amy, Nicole mit Foxs, Christian und Elmo und natürlich unsere beiden Hundejungs Balou und Lucky.

Ihr habt viel Zeit und Geduld aufgebracht!

Vielen Dank an Yvonne Schwed, die viel Zeit und Mühe investiert hat, um meine Regieanweisungen bildlich umzusetzen!

Dank der Fotografin

Ein herzliches Dankeschön von der Fotografin Yvonne Schwed an die vierbeinigen Models und ihre Besitzer für die Zeit und Geduld, ohne die die vielen Fotos in diesem Buch nicht zustande gekommen wären.

Über die Autorin

Dr. Katrin Voigt ist Tierärztin mit der Zusatzbezeichnung Verhaltenstherapie. Sie leitet das Hundezentrum Rhein-Main mit der dort eingerichteten Hundeschule, einer Hundepension und der hauseigenen Tierarztpraxis für Verhaltenstherapie (ww.hundezentrum-rhein-main.com).

Impressum

Die in diesem Buch enthaltenen Empfehlungen und Angaben sind von der Autorin mit größter Sorgfalt zusammengestellt und geprüft worden. Eine Garantie für die Richtigkeit der Angaben kann jedoch nicht gegeben werden. Autorin und Verlag übernehmen keinerlei Haftung für Schäden und Unfälle. Der Leser sollte bei der Anwendung der in diesem Buch enthaltenen Empfehlungen sein persönliches Urteilsvermögen einsetzen.
Hinweis: Der Verlag Eugen Ulmer ist nicht verantwortlich für die Inhalte der im Buch genannten Websites.

Bibliografische Information der Deutschen Nationalbibliothek
Die Deutsche Nationalbibliothek verzeichnet diese Publikation in der Deutschen Nationalbibliografie; detaillierte bibliografische Daten sind im Internet über *http://dnb.d-nb.de* abrufbar.

© 2013 Eugen Ulmer KG
Wollgrasweg 41, 70599 Stuttgart (Hohenheim)
E-Mail: info@ulmer.de
Internet: www.ulmer.de

Lektorat: Dr. Marion Steinbach, Kathrin Gutmann
Herstellung: Ulla Stammel
Umschlagentwurf und Layout: Sojus Design / Kai Twelbeck, Stuttgart
Druck und Bindung: DZA Druckerei zu Altenburg GmbH
Printed in Germany

ISBN 978-3-8001-7751-6